Bibliografische Information der Deutschen Nationalbibliothek:

Die Deutsche Bibliothek verzeichnet diese Publikation in der Deutschen National-
bibliografie; detaillierte bibliografische Daten sind im Internet über http://dnb.d-
nb.de/ abrufbar.

Impressum:

Copyright © 2011 GRIN Verlag, Open Publishing GmbH
Druck und Bindung: Books on Demand GmbH, Norderstedt Germany
ISBN: 9783656334958

Dieses Buch bei GRIN:

http://www.grin.com/de/e-book/199201/synthese-von-citronensaeure-butylester

Florian Dawe, Dirk Janssen

Aus der Reihe: e-fellows.net stipendiaten-wissen

e-fellows.net (Hrsg.)

Band 602

Synthese von Citronensäure-Butylester

GRIN Verlag

Facharbeit: Synthese von Citronensäure-butylester

Johannes- Althusius –Gymnasium Emden

Seminarfach Chemie Z2

Kursnummer 175

02.05.2011

Dirk Janssen   Florian Dawe

Auf den folgenden Seiten möchten wir unsere Arbeit im Rahmen des Formel X – Projektes und die zu Grunde liegende Theorie vorstellen, sowie einige Zusatzinformationen vermitteln.

Inhaltsverzeichnis

Vorwort

Im Rahmen des Kursunterrichts im Seminarfach der gymnasialen Oberstufe ist jeder Schüler des Jahrgangs 11 verpflichtet eine, an den H1 Kurs angelehnte, Facharbeit anzufertigen. Unsere Facharbeit ist somit eine Ausarbeitung über eine Thematik des Fachbereichs Chemie.

Durch unseren Kursleiter wurden uns verschiedene Themenvorschläge der organischen und analytischen Chemie unterbreitet, aufgrund von bestehendem Interesse entschieden wir uns für den organischen Themenkomplex, welcher sich Estern, genauer mit der Synthese von Carbonsäureestern beschäftigt.

Über das Projekt Formel X, eine Kooperation des Volkswagenwerks Emden, des Fachbereichs Chemie/Physik der Hochschule Emden/Leer und des Johannes-Althusius-Gymnasiums, wurde es uns ermöglicht unsere Experimente unter Laborbedingungen durchzuführen.

Nach privater Informationsbeschaffung über Ester und Carbonsäuren wurden wir am 11.03.2011 gemeinsam mit zwei weiteren Schülern des Kurses an der Hochschule von der Diplom-Chemikerin Christine Dauelsberg in den Fachbereich Organik eingeführt. Diese stand uns während der Versuchsdurchführung und Theoretischen Auswertung mit fachmännischer Anleitung und Zusatzinformationen zur Seite.

Chemikerin Dauelsberg unterbreitete uns zwei Vorschläge für Experimente, wir entschieden uns für die Synthese von Citronensäure-1-butylester (Tributyl-citrate).

Von der Arbeit an der Hochschule erhoffen wir uns einen tieferen Einblick in die Arbeit der Chemiker in Forschung und Industrie, welche für eine spätere Berufsorientierung von großem Nutzen sein können.

Da wir sowohl praktische als auch theoretische Aspekte beleuchten wollen, werden wir keinen expliziten Schwerpunkt setzen.

Theoretischer Teil

Im theoretischen Teil beschäftigen wir uns mit der Theorie der Syntese von Carbonsäureestern, auf welche unser späterer Versuch aufbaut. Während wir praktischen Teil speziell die Syntese von Citronensäure-1-butylester betrachten, beschäftigen wir uns im theoretischen Teil mit der allgemeinen Syntese von Carbonsäuren zu Carbonsäureestern. Zunächst einige grundlegende Informationen zu den verwendeten Chemikalien.

Sachinformationen zu den verwendeten Chemikalien

Citronensäure ($C_6H_8O_7$) ist ein weißer Feststoff, welcher in Wasser löslich ist und anteilig gesehen die dominante Säure in Zitronen, Orangen, Ananas, Preisel-, Johannes- und Erdbeeren und anderen Früchten darstellt. Die Schmelztemperatur beträgt 153 °C, die zugehörige Siede- bzw. Zersetzungstemperatur 175 °C. Unter Normalbedingungen ist Citronensäure farb- und geruchlos und liegt kristallin vor. Es handelt sich um eine Hydroxytricarbonsäure. Außerdem kann man Citronensäure aus Zitronensaft gewinnen, denn diese ist zu 5-7 % enthalten. Des Weiteren beinhalten Milch, Blut und der Harn eine kleine Menge an Citronensäure, welche auch im Stoffwechsel eine bedeutende Rolle spielt. [Q5: S.371, Q7, Q10, Q12]

1-Butanol ist eine, zu den Alkoholen zählende, unter Normalbindungen flüssige, farblose, organische Verbindung mit der Summenformel $C_4H_{10}O$. Die Schmelztemperatur beträgt -89 °C, die Siedetemperatur 118 °C. 1-Butanol ist teilsweise in Wasser löslich und wird beispielsweise zur Herstellung von Lacken, als ein Rohstoff zur Produktion von Kunstoffen und als Lösungsmittel verwendet. [Q11, Q15, Q16]

Schwefelsäure (H_2SO_4) ist eine korrodierend wirkende, farblose Flüssigkeit und zählt zu den anorganischen Säuren. Sie hat eine stark ätzende und hygroskopische (wasseranziehende) Wirkung. Die von der Konzentration der Säuren abhängigen Schmelz- und Siedetemperaturen betragen 10,36 °C und etwa 340 °C. Schwefelsäure ist in jedem Verhältnis wasserlöslich und ihre Salze werden Sulfate genannt. Schwefelsäure protolysiert über zwei Protolysestufen, in jeder wird, pro Molekül, ein Proton frei. Dies erklärt die katalytische Wirkung. [Q14, Q17]

Der Mechanismus der Veresterung

Ester entstehen unter Abspaltung von Wasser bei einer Reaktion von organischen oder anorganischen Säuren mit Alkoholen. Dies ist die sogenannte Veresterung, deren Gegenprozess die Hydrolyse (Verseifung) ist. Dabei zerfallen manche Ester unter Wassereinfluss in ihr Säure- und Alkoholkomponenten, sie werden hydrolytisch aufgespalten. Die Veresterung ist also eine Gleichgewichtsreaktion und erfolgt mit dem Einsatz eines Säurekatalysators. [Q3, S.392-393, Q2, S.326-327]

Reaktion:

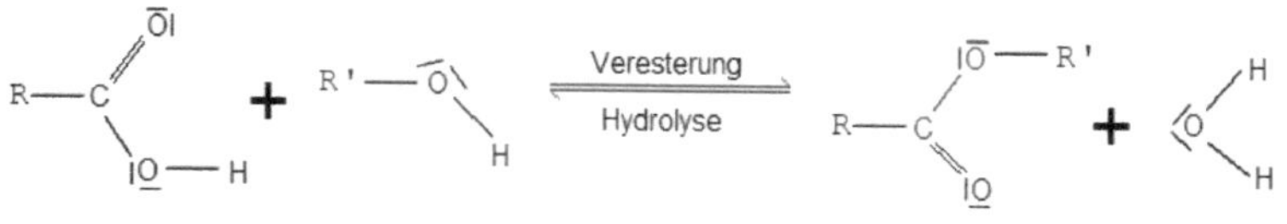

Carbonsäure + Alkohol ⇌ Carbonsäureester + Wasser

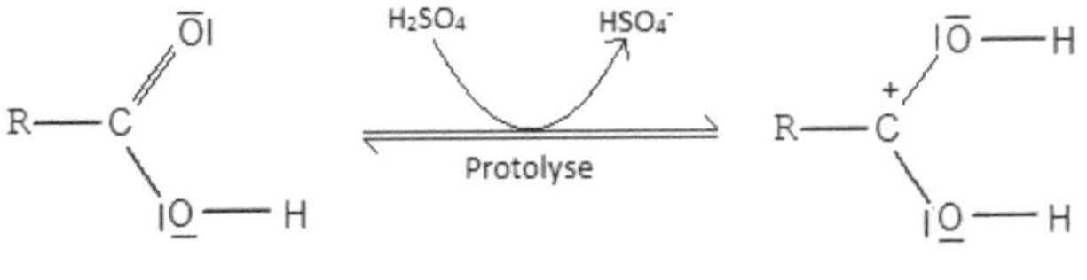

H_2SO_4 $\quad$ HSO_4^-

Protolyse

Carbenium-Ion

Der Säurekatalysator in diesem Fall Schwefelsäure protolysiert zu
Hydrogensulfat. Das aus der Protolyse stammende Proton bindet sich an das
freie Elektronenpaar des Sauerstoff-Atoms der, für die Carbonsäure typische,
Carboxy-Gruppe (COOH). Aus der C=O Doppelbindung entsteht eine C-O
Einfachbindung und dabei wird C-Atom positiviert, das entstehende Carbenium-
Ion ist hoch reaktiv und bildet also den Angriffspunkt für die Addition des
Nucleophils.

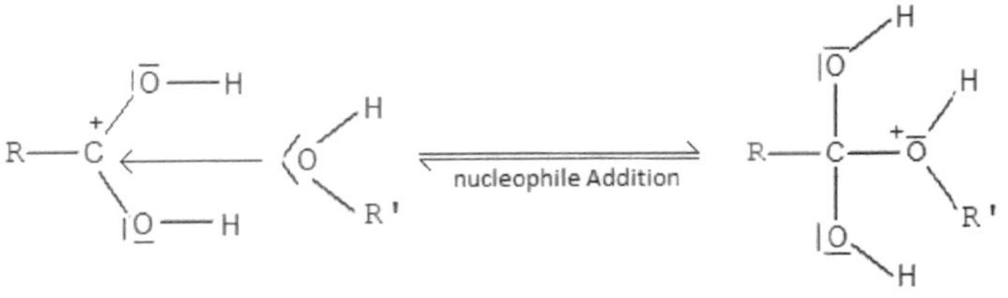

nucleophile Addition

Carbenium-Ion $\qquad$ **Alkohol** $\qquad\qquad\qquad$ **Oxonium-Ion**

Da das Sauerstoffatom des Alkohols aufgrund seines hohen EN-Wertes einen
negativen Ladungsschwerpunkt bildet und gleichzeitig zwei freie
Elektronenpaare besitzt, versucht es eine kovalente Bindung mit dem, eine
positive Partialladung besitzenden, C-Atom aus der Carbonylgruppe (C=O) der
Carbonsäure einzugehen. Eines der freien Elektronenpaare des Sauerstoff-
Atoms des Nucleophils wird zum Bindungselektronenpaar zwischen Nucleophil
und dem positivierten C-Atom der Carbonsäure. Dadurch erhält dieses
Sauerstoff-Atom eine positive Partialladung und das C-Atom der Carbonsäure
verliert jene, aufgrund der Anzahl der Außenelektronen.

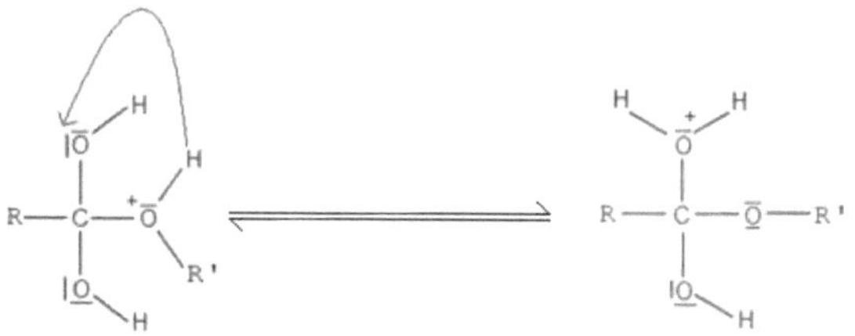

Durch eine hier stattfindende innermolekulare Protolyse strukturiert sich das entstandene

Molekül in sich um, das Proton des ursprünglichen Nucleophils bindet sich an ein freies Elektronenpaaar eines Sauerstoff-Atoms, es bildet sich erneut ein Oxonium-Ion.

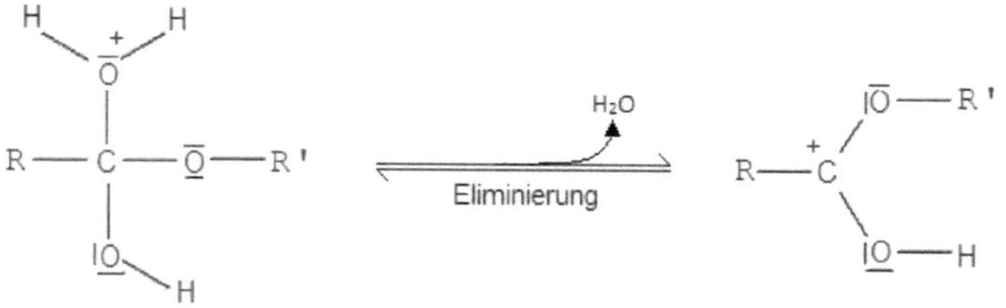

In diesen Schritt wird das Wassermolekül eliminiert, das bindende Elektronenpaar zwischen dem C-Atom und dem partial positiv geladenen O-Atom wird zu einem freien Elektronenpaar des neu entstehenden Wassermoleküls.

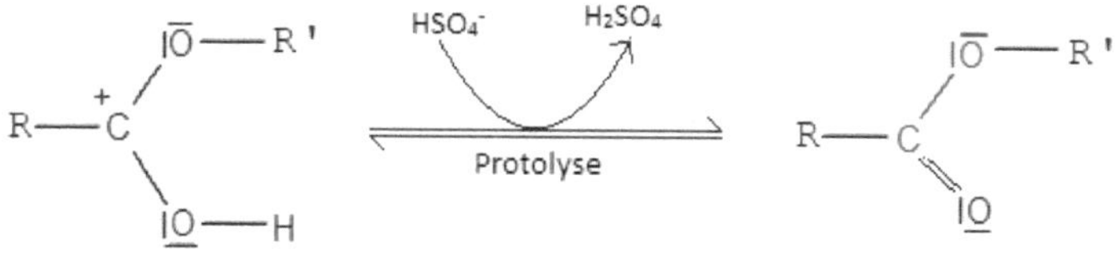

Nach der Abspaltung des Wassers protolysiert Hydrogensulfat zu Schwefelsäure, wodurch ein Proton vom Edukt abgespalten wird. Da das bindende Elektronenpaar O-H zu einem bindenden Elektronenpaar der C-O-Bindung wird, wird diese dadurch zur Doppelbindung. Das zuletzt vorliegende

Molekül stellt, mit der typischen Esterbindung (blau hervorgehoben), den zu synthetisierenden Ester dar.

[Quellenangabe Mechanismus: Q1, S. 111 Q2, S. 326-327, Q3, S. 392-393/990-991, Q4, S. 659-660/732, Q5, S. 132/272-273, Q6, S. 474-475, Q8, Q9, Q13]

Einstellung des Gleichgewichts

Das Gleichgewicht kann durch Änderung der Konzentrationen der Produkte oder Edukte verschoben werden. Dies können wir durch den K-Wert der Reaktion erklären:

$$K = \frac{c(Carbonsäureester) \bullet c(Wasser)}{c(Carbonsäure) \bullet c(Alkohol)}$$

Wenn wir nun die Konzentration des Esters erhöhen wollen, müssen wir die Konzentration der Carbonsäure oder des Alkohols erhöhen. Andererseits können wir, um eine höhere Ester Konzentration zu erhalten, die Konzentration des Wassers verringern. In beiden Fällen reagiert das System auf die Konzentrationserhöhung bzw. Erniedrigung, indem es mehr Ester produziert. Dieser Effekt wurde durch den Chemiker Henry Le Chatelier mit dem Prinzip des kleinsten Zwanges begründet, nach ihm versucht ein sich im Gleichgewicht befindliches System, von außen einwirkende Veränderungen der Zustandsgrößen (zum Beispiel: Konzentrationen) zu kompensieren.

Dies kann auch mit dem K-Wert, der Gleichgewichtskonstanten, begründet werden, welche sich nicht verändert. Wenn aber nun der Nenner durch eine Konzentrationserhöhung der Carbonsäure oder des Alkohols erhöht wird, muss auch der Zähler größer werden und schlussendlich die Konzentration des Esters. Im anderen Fall verkleinert sich der Zähler zunächst durch die Verringerung der Konzentration des Wassers, jedoch resultiert daraus eine Erhöhung der Konzentration des Esters. [Q5, S.272]

Verwendung von Estern

Ester kommen in verschiedensten Anwendungsgebieten zum Einsatz. Beispielsweise als Triglyceride (Ester von Glycerin und Fettsäuren) bilden die Ester einen wichtigen Nahrungsanteil und dienen der Energiespeicherung. Der Mensch hat sich die Eigenschaften von Estern ebenfalls zu Nutze gemacht und benutzt beispielsweise Methylester von Fettsäuren alsBiodiesel oder Polyester, welche als Kunststoffe zur Herstellung von Lebensmittelverpackungen dienen. Des Weiteren werden Ester, zum Beispiel speziell der im praktischen Teil verwendete Citronensäureester, als Weichmacher für Kunststoffe benutzt, welche dadurch erst verarbeitungs- und gebrauchsfähig werden. Viele Carbonsäureester kommen in der Lebensmittel- und Kosmetikindustrie, aufgrund ihres angenehmen Geruches und Geschmacks, zum Einsatz. [Q1, S.111, Q9, Q10, Q18]

Praktischer Teil

Versuch 1

Versuchsvorbereitung- und Aufbau

Der gesamte praktische Versuch wurde unter einem der Abzüge im Organik-Labor durchgeführt, unter welchen bereits vorbereitete Versuche der Praktikanten für den nächsten Tag bereitstanden, also war Vorsicht geboten.

Nach einer gründlichen Sicherheitseinweisung durch Diplom-Chemikerin Christine Dauelsberg, mit Hinweisen auf die Notduschen, Feuerlöschanlagen, die fachgerechte Chemikalienentsorgung, Reinigung des Aufbaus nach Beendigung des Versuches und den Gefahrenhinweisen, sowie der Ausstattung mit den nötigen Schutzmaßnahmen wie Schutzbrille und Kittel begannen wir mit dem Aufbau des Versuches.

Zunächst galt es den Versuchsaufbau korrekt zusammen zu fügen. Dieser bestand aus mehreren Einzelteilen, welche in der nebenstehenden Abbildung zu sehen sind. Wir begannen mit der höhenverstellbaren Halteplattform (1), auf welche das Heizrührgerät (2) plaziert wurde. Anschließend haben wir das Siliconölbad (3) auf dieses gestellt.

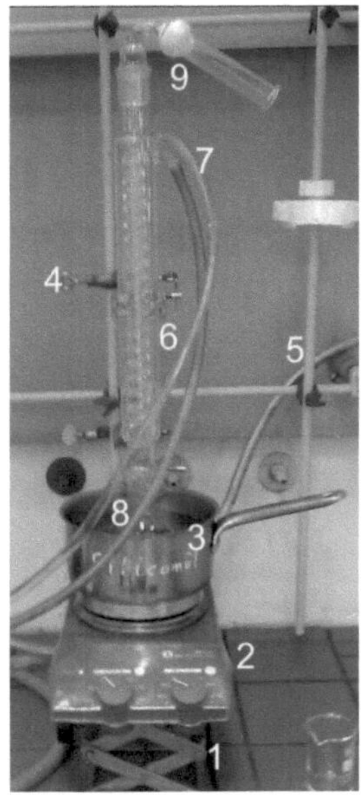

Oberhalb dieses Aufbaus haben wir, mit dem im Abzug vorhandenen Stativmaterial (4), zusammen mit Stativklemmen (5) den Rückflusskühler (6) befestigt. Dieser wird an die Wasserversorgung (7) angeschlossen, sodass ein kontinuierlicher Fluss von kaltem Wasser entstand.

An das untere Ende des Rückflusskühlers befestigten wir, nachdem wir die Schliffe mit Schliffffett bestrichen hatten, einen Rundkolben (8) mit dem Volumen von 100 ml, an das obere Ende befestigten wir hingegen ein Trockenrohr (9), welches mit Glaßwolle und $CaCl_2$ gefüllt war.

Versuchsdurchführung

Zunächst haben wir folgende für den Versuch notwendige Chemikalien eingewogen: 25 mmol Citronensäure (4,5 g wasserfreie Citronensäure); 0,25 mol, 18,5 g, 22.5 ml n-Butanol; 2,5 ml konzentrierte Schwefelsäure

Anschließend haben wir die angegeben Mengen, zusammen mit einem „Rührfisch", in den 100 ml Rundkolben gegeben. Im nächsten Schritt schlossen wir den Rückflusskühler an die Wasserversorgung an und montieren diesen

zusammen mit dem Trockenrohr auf den Rundkolben (siehe Abb. X).
Währenddessen erhitzen wir das bereits vorbereitete Siliconölbad auf etwa
120 °C, was wir in regelmäßigen Abständen per Termometer überprüften.
Mithilfe der höhenverstellbaren Halteplattform konnten wir nun vorsichtig den
Rundkolben im Silconölbad, bis zur Oberfläche des Inhalts, versenken. In den
nächsten zwei Stunden wurde das Gemisch somit unter konstanter
Rührbewegung erhitzt. Um das Entweichen von jeglichen Dämpfen zu
vermeiden, wurde diese Apparatur durch das Anbringen des Rückflusskühlers
ergänzt, an dessen Kühlspirale diese kondensieren und zurücktropfen. Das
zuvor erwähnte Trockenrohr diente zur Abschirmung des Prozesses gegen
eventuell eindringende Luftfeuchtigkeit.

Beobachtung

Während des Versuchsablaufes konnten wir die zu erwartenden
Beobachtungen machen: Einerseits ließen sich im Rückflusskühler die zu
erwartenden Kondenstropfen beobachten, andererseits lag zum Ende der
Reaktionszeit ein homogenes Gemisch vor. Da uns versehentlich einige
Tropfen Wasser in das Silconölbad geraten waren, trübte sich dieses milchig-
weiß ein.

Versuch 2

Versuchsvorbereitung- und Aufbau

Zunächst benötigten wir, um unser Reaktionsgemisch auf die benötigte niedrige
Temperatur zu bringen, ein Becherglas mit Eiswasser. Für den weiteren Ablauf
benötigten wie des Weiteren einen 250 ml Scheidetrichter, sowie 150 ml
destilliertes Wasser.

Versuchsdurchführung

Um das Reaktionsgemisch auf die benötigte Temperatur (Raumtemperatur)
abzukühlen tauschten wir das zuvor verwendete Siliconölbad gegen ein
Becherglas mit Eiswasser aus. Über ein Thermometer konnten wir den Vorgang
des Abkühlens genau überwachen, nach ca. 20 min hatten wir das Gemisch
von 120 °C auf etwa Raumtemperatur abgekühlt.

Im nächsten Schritt gaben wir das erkaltete
Reaktionsgemisch (Volumen 30 ml)
zusammen mit den vorbereiteten 150 ml
destilliertem Wasser in den Scheidetrichter.

Um den Trennprozess durchzuführen, musste
der Scheidetrichter mit verschlossenem
Hahn, Ausflussöffnung nach oben gerichtet, geschüttelt und dabei regelmäßig
entlüftet werden. Nach dem Schütteln wurde der Scheidetrichter in eine feste
Position gestellt, die Phasenbildung musste abgewartet werden, um dann die
untere der beiden Phasen möglichst genau, mit dem Hahn, ablassen zu
können. Dieser Vorgang wurde vier Mal wiederholt.

Relevant war für uns die zu erwartende ölige Phase, mit welcher wir im
Folgenden weitergearbeitet haben.

Beobachtung

Im Laufe des Abkühlens wurde die angestrebte Endtemperatur von 21 °C
erreicht und in diesem Stadium lag das Reaktionsgemisch im homogenen
Zustand vor.

Während der Arbeit mit dem Scheidetrichter lies sich die gewünschte Trennung
der beiden Phasen beobachten: Im oberen Teil des Scheidetrichters setzt sich
das Gemisch als ölige Phase über dem getrübten Wasser im Unteren ab.

Versuch 3

Versuchsvorbereitung- und Aufbau

Als erstes musste die Destillationsapparatur aufgebaut werden. Diese unter

Anderem aus einer Destillationsbrücke (1), welche mit Stativklemmen befestigt wurde. Das Reaktiongemisch wurde in einen Rundkolben (2) gefüllt, welcher an den höhergelegenen Schliff (3) der Destillationsbrücke befestigt wurde. Am unteren Ende der Destillationsbrücke plazierten wir einen weiteren Rundkolben(4), in welchen am Ende das Produkt fließen soll. Außerdem versenken wir den Rundkolben mit dem Reaktionsgemisch in das Siliconölbad, welches wiederum auf der höhenverstellbaren Halteplattform plaziert ist. Um die Temperatur messen zu können, installieren wir in einer der Öffnungen der Destillationsbrücke am oberen Ende ein Thermometer (5). Die Kühlwasserzufuhr (6) wurde am unteren Ende der Destillationsbrücke, der Wasserabfluss (7) am unteren angeschlossen.

Versuchsdurchführung

Um die Destillation durchführen zu können, mussten wir das in dem Rundkolben befindliche Reaktionsgemisch von Raumtemperatur auf 120 °C erhitzen. Dazu haben wir regelmäßig die Temperatur mit dem Thermometer abgelesen. Die Destillation dauert solange an, bis sich konstante Volumina in beiden Rundkolben eingestellt haben.

Beobachtung

Ab einer Temperatur von 120 °C beschlägt die Destillationsbrücke von innen und man erkennt am unteren der Destillationsbrücke Flüssigkeitstropfen,welche durch die Ausflussöffnung der Destillationsbrücke in den unteren Rundkolben gelangen.

[Quellenangabe Praktischer Teil: Q6, S. 60-61, Q10]

Auswertung

Aufgrund der Summenformeln der Edukte und Produkte schließen wir auf folgende Reaktionsgleichung:

$$C_6H_8O_7 + 3\ C_4H_{10}O \rightleftharpoons C_{18}H_{32}O_7 + 3\ H_2O$$

Im ersten Versuch findet Verersterung der Citronensäure zu Citronensäure-1-butylester (Tributyl-citrate) statt. Bei den aufsteigenden Dämpfen handelt es sich um Butanol und in der Reaktion entstehendes Wasser. Die Siedetemperaturen dieser beiden Substanzen liegen mit 100 bzw. 118 °C unter der Temperatur des Siliconölbades von 120 °C. Aus diesem Grund eignet sich das Silconölbad besonders gut, da es auf Temperaturen von biszu 250 °C erhitzt werden kann. Wir haben Citronensäure mit einem Überschuss an Butanol reagieren, sodass sich das Gleichgewicht auf die Seite der Produkte und somit die Seite des Esters verschiebt. Dies lässt sich anhand der in der Theorie beschriebenen Herleitung und Formel zu Henry Le Chatelier und zur Gleichgewichtskontanten K erklären. Die Schwefelsäure spielt in diesem Prozess verschiedene Rollen, zum einen katalysiert sie durch die Bereitstellung von H^+-Ionen die Veresterung und sorgt somit für eine schnellere Einstellung des Gleichgewichts, verschiebt dieses jedoch nicht, zum anderen bindet sie durch ihr hohes Hydratationsvermögen eine bestimmte Menge Wasser. Das Hydratationsvermögen beschreibt die Fähigkeit Wassermoleküle in einer Hydrathülle an Ionen zu binden.

Die während der Trennung im Scheidetrichter zu beobachtende Phasenbildung lässt sich auf die Polarität der beiden Phasen zurückführen. Die sich oben bildende ölige Phase besteht aus dem wasserunlöslichen Tributylcitrat und Resten von nicht gelösten 1-Butanol, da dieses nur begrenzt lösbar ist. Die untere Phase besteht hingegen aus dem als Extrationsmittel verwendeten Wasser, dem darin gelösten 1-Butanol, den sich in Hydrathülle befindenden Ionen der Schwefelsäure und der wasserlöslichen Citronensäure.

Bei der Destillation wurden die restlichen Anteile an 1-Butanol und Wasser durch Ausnutzung der unterschiedlichen Siedetemperaturen innerhalb des azeotropen Gemisches versucht zu entfernen.

Zum Abschluss, um die Qualität des Endproduktes zu prüfen, bestimmten wir mithilfe eines Refraktometers den Brechungsindex einer zuvor entnommenen Probe. Der Brechungsindex von reinem Tributylcitrat beträgt 1,44. Unsere Messung ergab einen Wert von 1,4360, welcher vom Idealwert nur geringfügig abweicht. [Q1, S.111, Q5, S. 272-273, Q6, S. 474-475, Q7, Q8, Q9, Q10, Q11, Q12, Q13, Q14, Q15, Q16]

Versuchskritik

Im Rahmen der praktischen Arbeit bemerkten wir ablauf- und ergebnisverändernde Faktoren, die hier betrachtet werden sollen.

Die erste Fehlerquelle bildet die Einwaage der verwendeten Chemikalien, da hier der menschliche Faktor durch Ungenauigkeit einen Einfluss haben kann, selbiges gilt für die Einstellung bzw. das Ablesen der Temperatur des Siliconölbades. Da unser Reaktionssystem nicht vollständig isoliert war, könnte die Möglichkeit bestanden haben, dass Luftfeuchtigkeit in die Apparatur eingedrungen ist.

Bei der Arbeit mit dem Scheidetrichter stießen wir auf das Problem, dass wir die Phasen nicht exakt trennen konnten.

Im Zuge der Destillation fanden wir auch hier Fehlerquellen, beispielsweise besteht die Möglichkeit, dass wir unser Zwischenprodukt nicht lange bzw. oft genug destilliert haben, somit das Risiko von Verunreinigungen besteht.

Nachwort

Rückblickend auf die hinter uns liegende Facharbeit können wir sagen, dass unsere Erwartung, einen Einblick in die wissenschaftliche Arbeit eines Chemikers gewinnen zu können, vollständig erfüllt wurde. Wir wurden vor ein Problem gestellt, welches wir in eigenständiger Arbeit, zwar unter Anleitung, aber trotzdem in eigener Regie zu bewältigen hatten.

Im Nachhinein zweifelten wir an der Wahl unseres Themas, da wir eine deutlich höhere Anzahl an Quellen und Fachliteratur erwartet hatten, welche sich spezifisch auf die Citronensäureveresterung beziehen.

Durch die Arbeit im Rahmens des Projektes „Formel X" und die damit verbundene Arbeit an der Hochschule Emden/Leer, wurde uns die Chance zuteil, die, sich von der der Schule in großem Maße unterscheidende, technische Ausrüstung und die Gerätschaften der Hochschule zu nutzen.

Aufgrund der fehlenden Fachliteratur wurde es für uns deutlich schwieriger, unsere im Versuch gewonnenen Erkenntnisse zu belegen, aus diesen Grunde kamen wir in leichte Zeitnot, welche allerdings durch konzentriertes arbeitsteiliges Schreiben ausgeglichen werden konnte.

Zum Schluss möchten wir uns herzlich bei der Hochschule Emden/Leer, insbesondere bei Frau Diplomchemikerin Christine Dauelsberg bedanken, welche uns die Bearbeitung des vorgelegten Themas erst möglich gemacht haben. Um praktische Erfahrung im Bereich der Chemie sammeln zu können, bietet das Projekt Formel X eine zu empfehlende Plattform, nachfolgenden Chemie- und Physikkursen können wir daher nur zur Teilnahme raten.

Quellenverzeichnis

1. Ritsch, Dr. Karl / Seitz, Prof. Dr. Hatto: „Organische Chemie", Schroedel Verlag, Hannover, 2006
2. Asselborn, Wolfgang / Jäckel, Manfred / Risch, Dr. Karl T.: „Chemie heute SII Gesamtband", Bildungshaus Schulbuchverlage Westermann Schroedel Diesterweg Schöningh Winklers GmbH, Braunschweig, 2009
3. Vollhardt, Prof. Dr. K. Peter C. / Schore, Prof. Dr. Neil E.: „Organische Chemie", WILEY-VCH Verlag GmbH & Co. KGaA, Weinheim, 2005
4. Morrison, Robert T. / Boyd, Robert N.: "Lehrbuch der Organischen Chemie", 2.,berichtigte Auflage, Verlag Chemie GmbH, Weinheim, 1978
5. Walter, Prof. em. Dr. Wolfgang / Francke, Prof. Dr. Dr. h.c. Wittko: „Lehrbuch der Organischen Chemie : Mit 155 Abbildungen und 24 Tabellen", 23. überarbeitete und aktualisierte Auflage, S. Hirzel Verlag, Stuttgart/Leipzig, 1998
6. Autorenkollektiv: „Organikum", 21., neu bearbeitete und erweiterte Auflage, WILEY-VCH Verlag GmbH & Co. KGaA, Weinheim, 2001
7. http://biade.itrust.de/biade/lpext.dll?f=templates&fn=main-hit-h.htm&2.0
8. http://www.merck-chemicals.com/germany/tributylcitrat/MDA_CHEM-820350/p_YZSb.s1LNv0AAAEWiOEfVhTl
9. http://de.wikibooks.org/wiki/Organische_Chemie_f%C3%BCr_Sch%C3%BCler/_Ester
10. http://www.chemie.uni-jena.de/pdf/citro_aepfelsaeure.pdf
11. „Butanol." Microsoft® Encarta® 2009 [DVD]. Microsoft Corporation, 2008
12. „Citronensäure." Microsoft® Encarta® 2009 [DVD]. Microsoft Corporation, 2008
13. „Ester." Microsoft® Encarta® 2009 [DVD]. Microsoft Corporation, 2008
14. „Schwefelsäure." Microsoft® Encarta® 2009 [DVD]. Microsoft Corporation, 2008.
15. http://www.chemicalbook.com/ChemicalProductProperty_DE_CB9113046.htm
16. http://www.basf.com/group/corporate/de/brand/N_BUTANOL

17. http://www.seilnacht.com/Chemie/ch_h2so4.htm

18. http://www.chemienet.info/8-est2.html

BEI GRIN MACHT SICH IHR WISSEN BEZAHLT

- Wir veröffentlichen Ihre Hausarbeit,
  Bachelor- und Masterarbeit

- Ihr eigenes eBook und Buch -
  weltweit in allen wichtigen Shops

- Verdienen Sie an jedem Verkauf

Jetzt bei www.GRIN.com hochladen
und kostenlos publizieren